SBS 창사특집

그래, 나

SBS 창사특집

개와 나

SBS 창사특집 제작진 · 이큰별 PD 지음

김동식 감독 · 임완호 감독 사진

ART LAKE

목차

1장

익숙하지만 낯선

신비로운 바닷속에 사는 고래

<고래와 나> 제작진의 고래를 찾기 위한 여행

1. 서울

2. 부안

3. 제주

4. 독도

5. 여수

6. 울산

7. 일본

8. 스리랑카

9. 모리셔스

10. 캐나다 처칠

11. 캐나다 온타리오주

12. 미국 하와이

13. 미국 워싱턴

14. 미국 뉴욕

15. 미국 몬터레이

16. 미국 플로리다주

17. 오스트레일리아

18. 통가

19. 멕시코

20. 영국

21. 프랑스

22. 아이슬란드

23. 노르웨이

24. 북극

25. 남극

26. 태국

27. 몽골

28. 페루 친차 제도

29. 덴마크 왕국 페로 제도

30. 미공개 장소

여기는 지구
우리가 살고 있는 행성입니다.
지구의 약 70%는 물로 이루어져 있어요.

흔히 바다라 불리는 이곳에는
지구상에서 가장 거대한
포유류가 살고 있습니다.

우리에게 익숙하지만 낯선 고래를 찾아 떠나는 여행을 시작해볼까요?

혹등고래

푸른 바다에서 펼쳐지는 마치 불꽃놀이 같은 화려한 브리칭의 주인공.
이름처럼 특이한 혹이 나 있는 고래.

혹등고래는 많은 고래 중에서도 유독 화려한 브리칭을 선보이는 고래입니다.

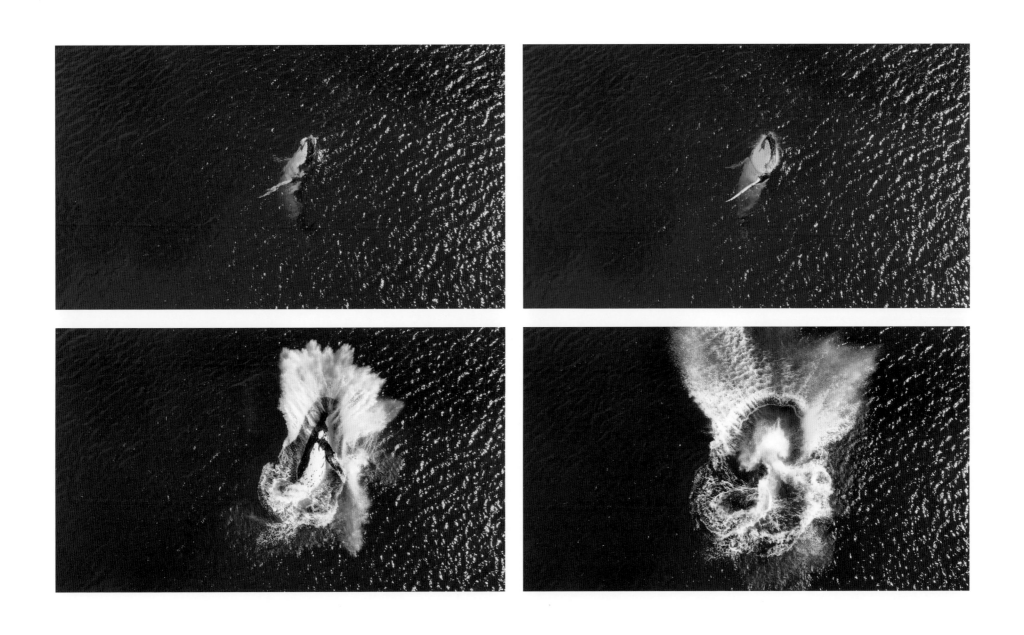

무려 몸길이만 15미터 이상인 혹등고래의 브리칭은 커다란 파동을 불러일으키고는 해요.

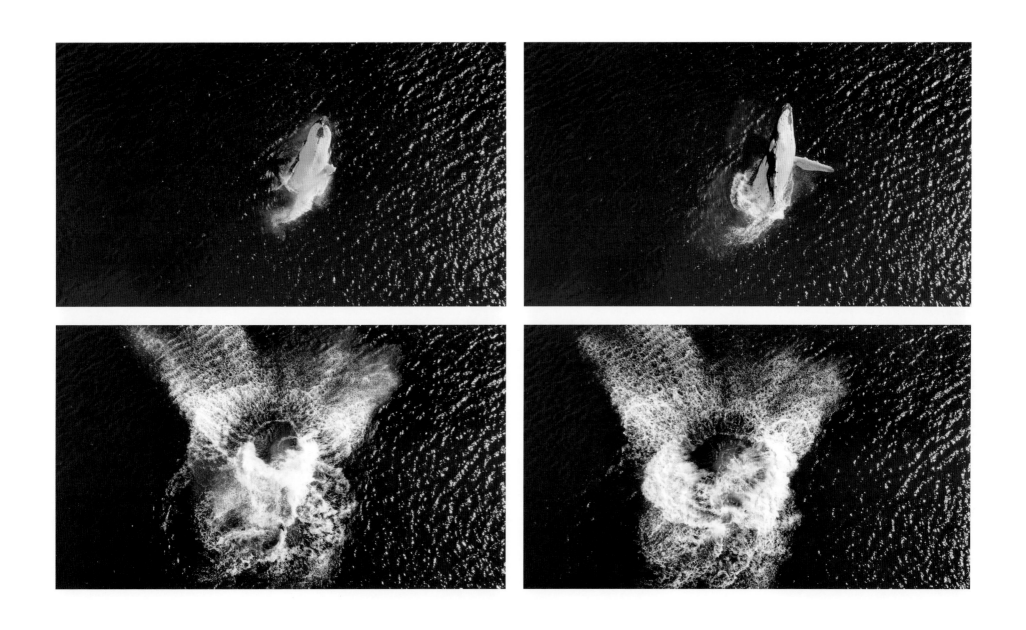

혹등고래만의 화려한 브리칭을 보기 위해 세계에서 많은 사람이 찾아오기도 한답니다.

혹등고래는 화려한 브리칭 뿐만 아니라
신비로운 소리로 노래를 부르고는 하는데요.
혹등고래의 노래는 1970년 미국 생물학자인 로저페인에 의해서
빌보드 200 차트에도 진입하고,
또 미국 우주 탐사선 보이저호에도 실렸습니다.
언제 만날지 모르는 우주 생명체에게
지구 바닷속 신비로운 소리를 들려주기 위해서 말이죠.

히트 런

사랑을 향해 달리는 질주.

혹등고래는 암컷 한 마리를 향해 수컷들이 구애의 질주를 한답니다.

암컷
FEMALE

구애의 질주 끝에 비로소 한 쌍이 된
혹등고래는 자기들만의 사랑을 속삭이기 위해
저 깊은 수심 밑으로 마치 사랑의 왈츠를 추듯 춤추며 내려가요.

향고래

그 유명한 소설 모비딕의 주인공이자 뇌 무게만
무려 8kg이 넘는 커다란 두뇌를 가지고 있는 고래.

향고래는 직사각형 모양의 거대한 머리를 가지고 있답니다.

향고래의 커다란 뇌 속에는 경뇌유라는 고래기름이 있어요.
경뇌유는 옛날에 아주 질 좋은 기름으로 쓰였답니다. 그래서일까요?
인간들의 무차별한 포획에 향고래는 사교적인 성격을 가지고 있음에도
불구하고 소설 모비딕처럼 무시무시한 고래라는 인식이 생겨났습니다.

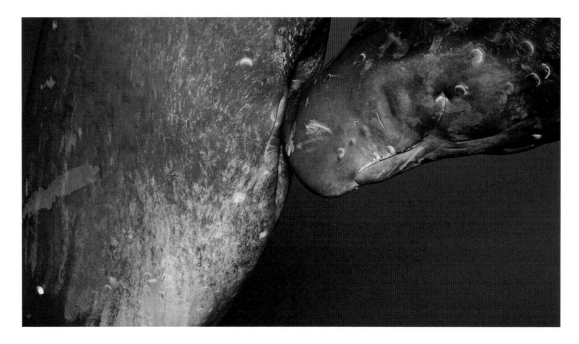

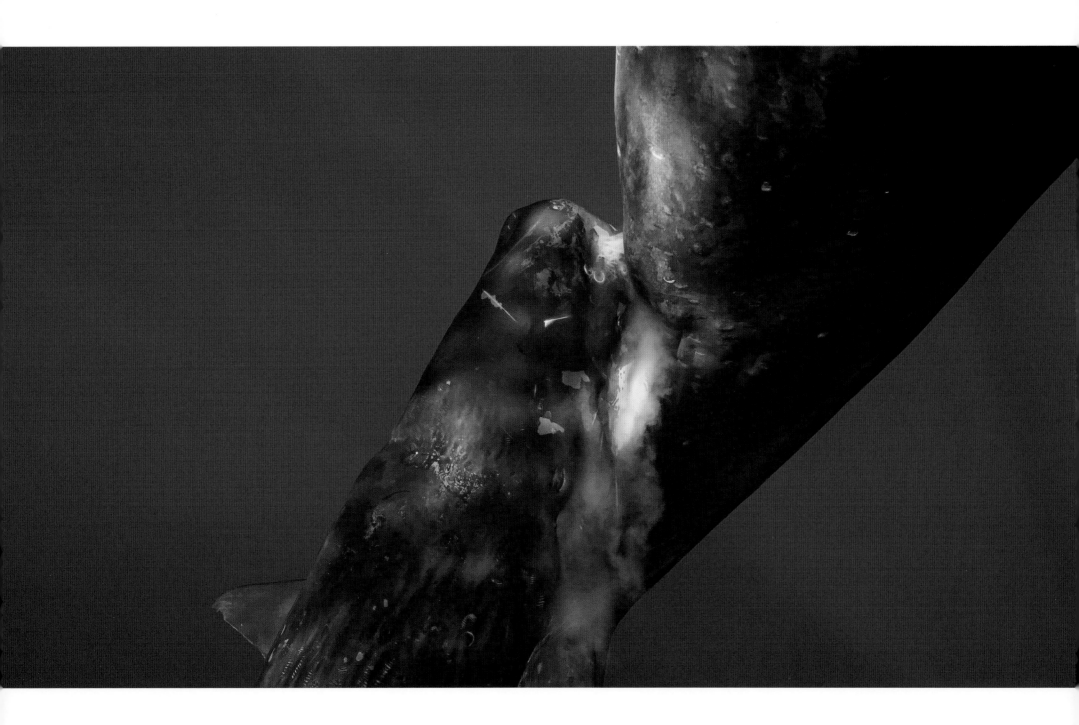

향고래는 집단생활을 하는 고래입니다.
가족을 사랑하는 향고래는 바닷속 포유류답게
어미 향고래가 새끼 향고래에게 젖을 먹여요.

고래는 정말이지 바닷속에서 사람과 가장 닮아있는 동물이 아닐까 싶어요.

향고래는 코다(CODA)라는 언어를 사용해 서로 대화한답니다.

커플 고래는 사랑의 소리를 내기도 하고

가족 고래는 다정히 서로를 부르기도 한답니다.

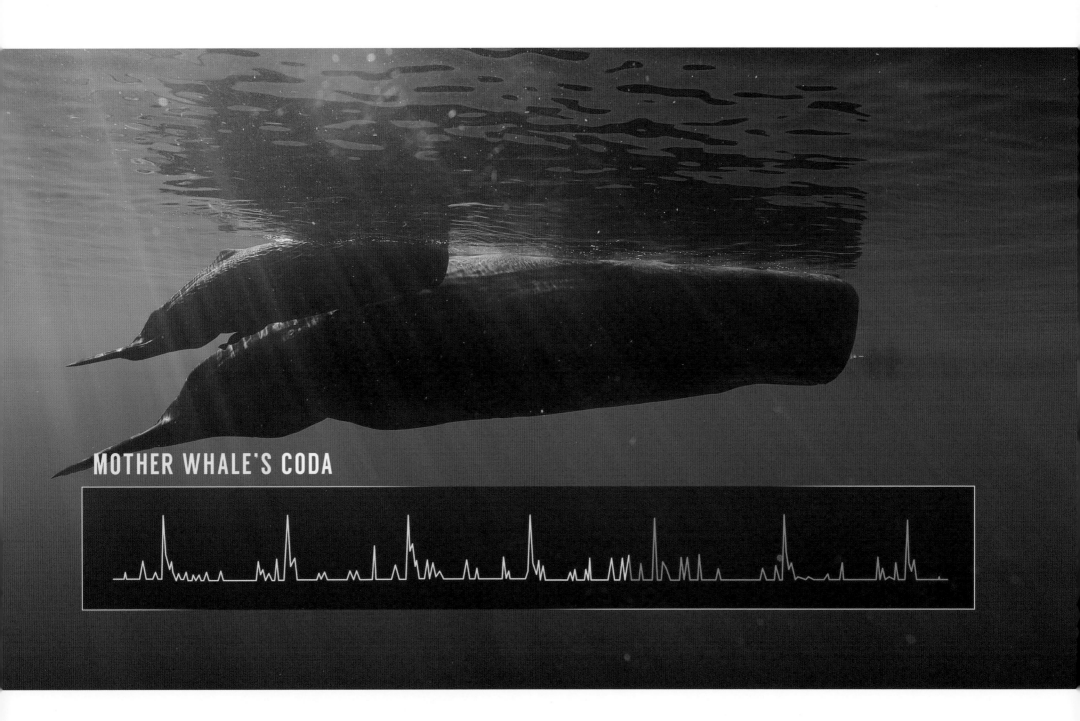

MOTHER WHALE'S CODA

어쩌면 보기에 무서울 수 있는 향고래의 자는 모습.
향고래는 일자로 하늘을 향해 곧게 몸을 펴 잠에 들어요.
과연 얼마 동안 꿈나라를 헤맬까요?

바로 짧으면 5분
길면 25분 정도라고 해요.
심지어 짧게 자는 와중에도 커다란 뇌의 절반은 깨어있다고 합니다.
향고래가 짧은 수면 시간을 갖는 이유는
바로 언제 공격받을지 모르기 때문이라고 해요.

귀신고래

고요함 속 들어있는 서늘한 이미지와 달리 사람에게
먼저 다가와 교감하는 걸 좋아하는 장난꾸러기인 고래.

귀신고래.

어쩌면 듣기만 해도 무시무시한 고래의 모습을 단번에 떠올리게 하는데요.

머리에 붙은 따개비들로 인해 실제로 보면 섬뜩한 느낌을 주기도 해요.

고래가 바다 위로 머리를 쓱 내미는 걸 스파이 홉이라고 하는데요.

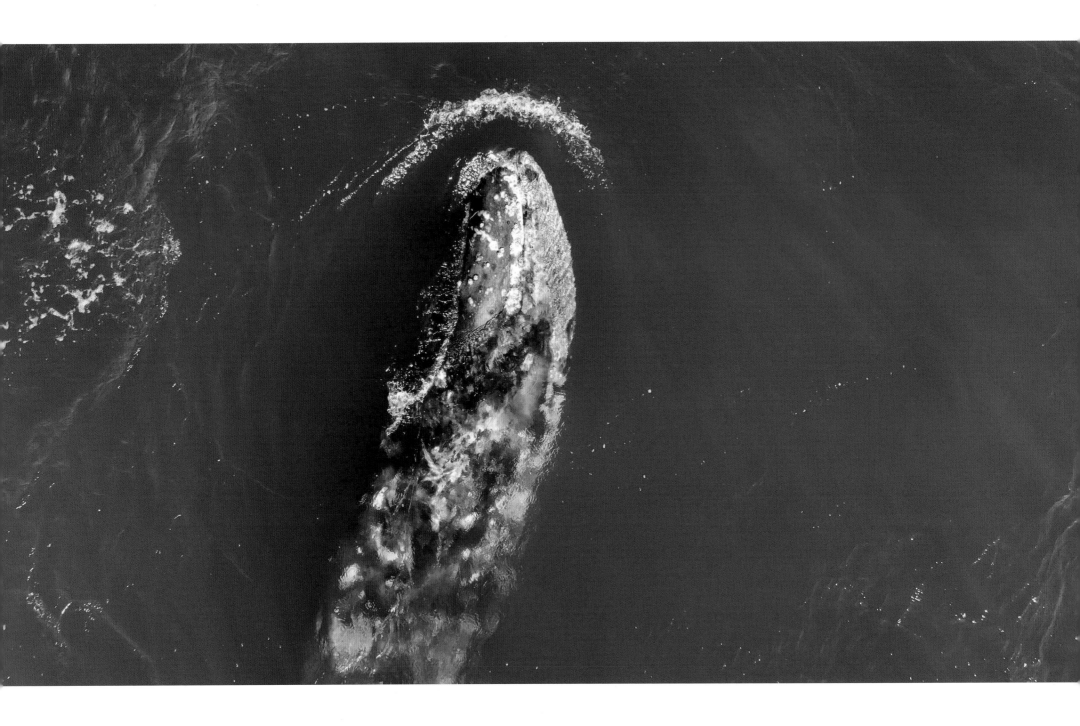

귀신고래는 무서운 외모와 달리

사람들이 타고 있는 배 근처로
조용히 다가와 머리를 바다 위로
쏙 내밀어 눈을 맞추고 인사를 건네요.

이름과 다르게 사교적이고 애교 많은 고래입니다.

벨루가

만지면 쏙하고 들어갈 것 같은 말랑한 피부와
항상 해맑게 웃고 있는 것 같은 사람들에게 친숙한 고래.

벨루가는 사람들에게 친숙한 고래입니다. 아마 귀여운 외모 탓일까요?

벨루가의 상징과도 같은 하얀 피부는
원래 회색 피부였다가 성장 과정 속 탈피를 통해
우리에게 익숙한 하얀색의 벨루가가 된다고 합니다.

마치 해맑게 웃는 것처럼
입술을 옹하고 모으고 있는 표정은
고래 중에서 벨루가만 할 수 있어요.

무리 지어 다니면서 서로 교감하고 끊임없이 재잘재잘 떠들고는 해요.

2장

고래가 사는 세계

거대한 우주 속 지구라는 행성에서 고래와 사람은 많이 닮아있어요.

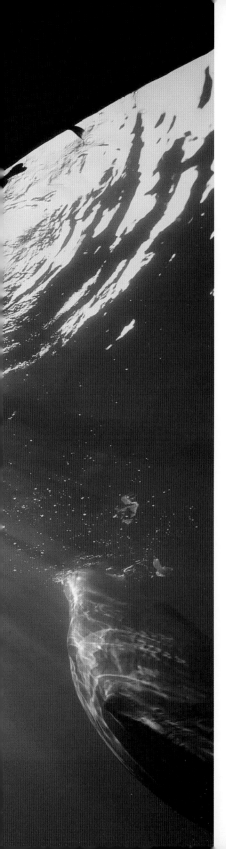

무리를 지어 살며, 언어를 가지고 있고,
서로에게 영향을 주고받으면서 살고 있어요.
물론 사는 곳은 다르지만요.

고래가 사는 푸른 바다는 이제 더 이상 푸르기만 한 바다가 아니예요.

1천억 개
우리 은하계 별

171조 개
바닷속 미세 플라스틱

우리가 무참히도 버린 쓰레기들은 어느새 바다까지 밀려 들어가
고래가 사는 세상을 오염시키고 있어요.

우리가 평상시에 사용하는 비닐봉지와 플라스틱은 파도를 타고
바닷속에 들어가 고래의 먹이가 되고 있어요.

비닐봉지를 먹겠다고 서로 다투면서 배고픈 입을 벌리는 고래예요.

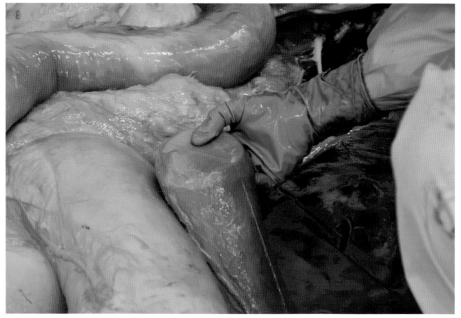

전북 부안에 있는 '하섬'에 나타난
새끼 고래 배 속에는
일회용 커피 뚜껑이 들어 있었어요.

'지구는 둥글다.'라는 말처럼 동그란 구체 모양의
지구는 순환 과정을 겪는데요.
이 과정을 통해 결국 우리가 버린 쓰레기는 다시 우리에게 돌아오게 돼요.

고래가 먹는 비닐봉지가
고래 배 속에 있는 플라스틱 컵이
언젠간 우리 몸속에도 차곡차곡 쌓이게 된답니다.

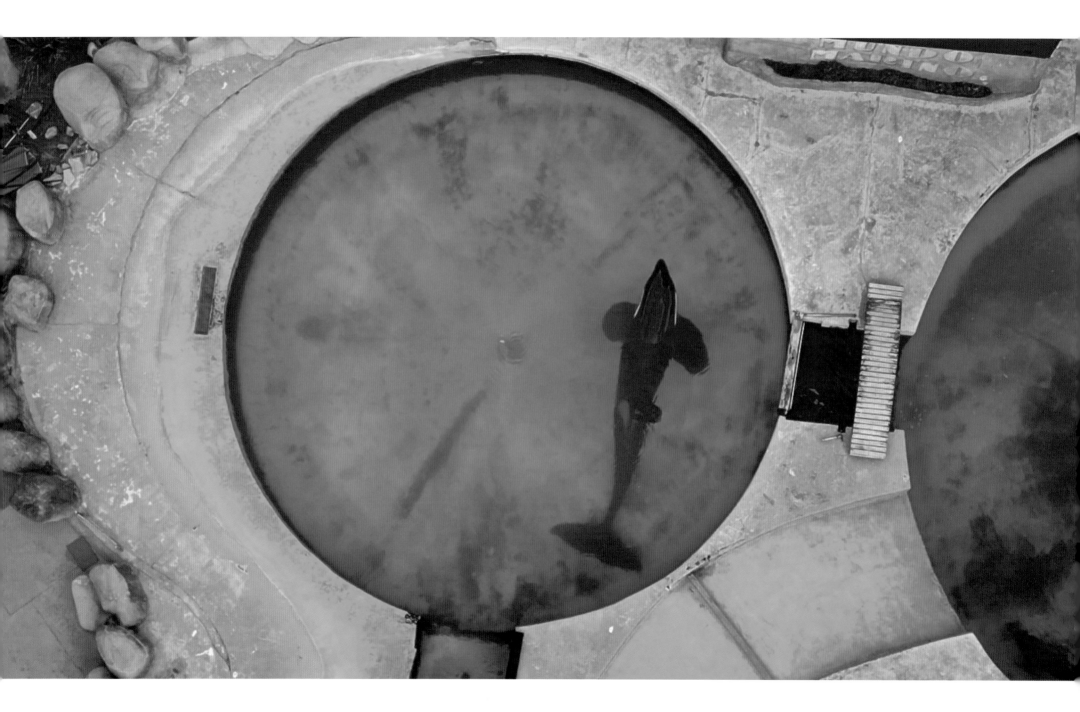

바닷속에서 우리와 가장 비슷한 고래는
뛰어난 지능과 사회성을 가지고 있어요.
그런 고래를 무참히 학살하고
단순한 볼거리로 전락시키는 행동은 이제 멈춰야 해요.

우리와 고래는 닮아있으니까요.

3장

우리의 이름은 친구,

고래와 나

우리는 마음을 나눈 친구에게 아낌없이 모든 걸 줄 수 있어요.
고래 역시 우리에게 많은 걸 주고 떠난답니다.

뜨거운 지구는 좀처럼 식을 줄 모르고 열이 오르고 있어요.

이런 지구를 더 뜨겁게 만드는 것이 바로 온실가스예요.

온실가스를 줄이기 위해서 많은 노력을 기울이고 있지만

고래는 단숨에 해결할 수 있어요.

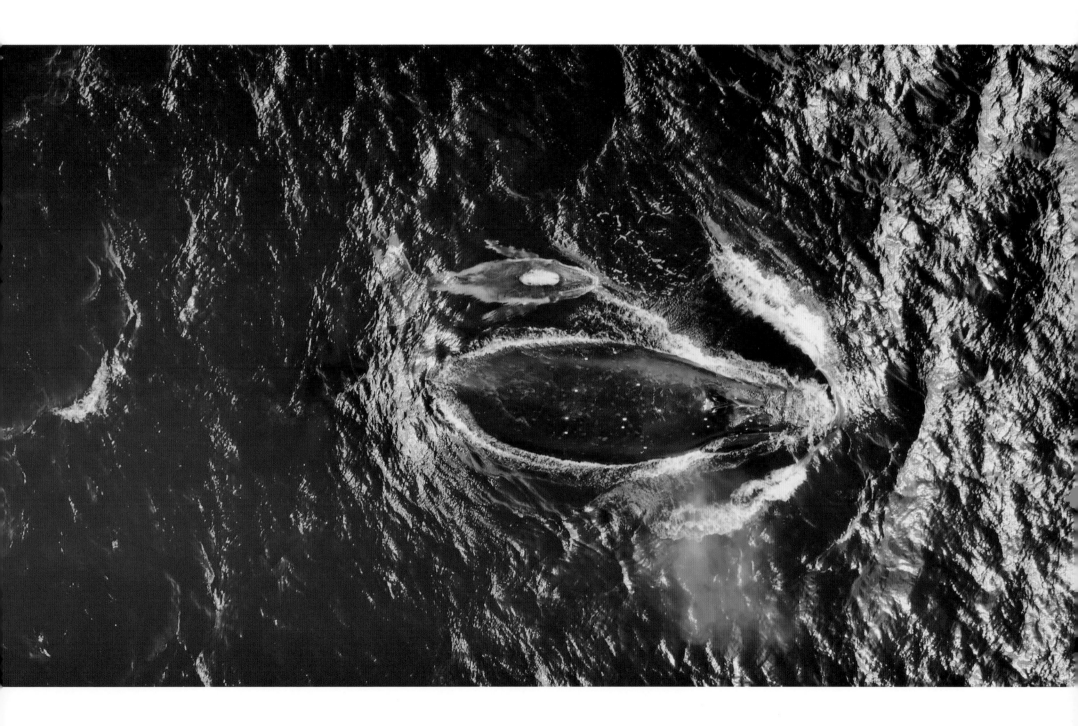

저 깊은 바닷속 남아있는 고래의 뼈.
고래는 죽기 전까지 주변 생물들에게 영양분을 공급하면서
끝까지 아낌없이 주고 떠나요.

고래를 포획하지 않는 것
고래를 가두지 않는 것
플라스틱과 비닐봉지를 사용하지 않는 것.

이것들은 우리의 친구 고래를 위해서기도 하지만 나를 위해서이기도 해요.
우리의 친구 고래가 우리를 위해 모든 걸 주었던 것처럼
우리도 고래를 위한 노력이 아니라 실천해야 해요.

우리와 같은 지구에 살며
익숙하지만 낯선 고래를 좋아하게 되면
우리는 쉽게 실천할 수 있어요.

작은 것부터 하나씩 실천하면
결국엔 저 멀리 사는 고래를 돕는 것과 같아요.
고래가 우리를 돕는 것처럼 말이죠.

좋아하면 생각하게 되고,
아껴주게 되고,
결국 더불어 살아가는
방법을 찾게 만들어요.

여러분은 얼마나 고래를 좋아하시나요?

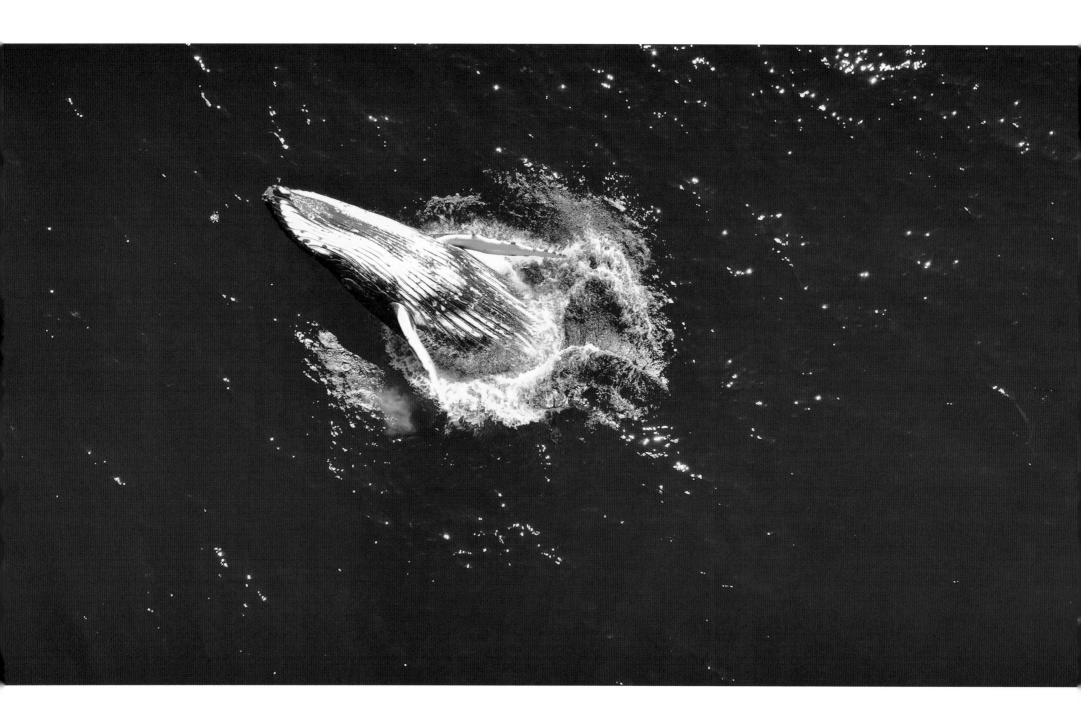

고래와 나.
이젠 우리가 되어버린 서로를 지켜주는 첫걸음을 떼길 바랍니다.

에필로그

지구에서 가장 거대한 생명체에 대한 탐사를 시작했을 때,
우리는 이 이야기의 끝이 어디에 닿을지 알지 못했습니다.

시작은 '궁금증'이었습니다.
지구에서 가장 거대하지만 여전히 수많은 베일에 싸인 미지의 존재. 번식과 출산을 위해 지구 반 바퀴를 헤엄치고, 한 번의 호흡으로 심해까지 잠수해 먹이 활동을 하는 고래의 삶은 여전히 수많은 미스터리에 쌓여 있습니다.

지구를 절반으로 나누면 땅 위엔 인간이 있고, 광대한 바다를 지배하는 것은 고래임에도 불구하고, 어쩌면 우리 인간은 고래에 대해 알고 있는 것보다 우주에 대해 알고 있는 지식이 더 많은지도 몰랐습니다. 누구나 고래에 대해 들어본 적이 있고, 어떤 이는 대자연 속에서 호흡하는 고래를 두 눈으로 직접 보고 싶어 하며, 특히 어린아이라면 너 나 할 것 없이 고래를 사랑하지만, 지금까지 대한민국에서 고래의 모든 것을 다루고 경이로운 고래의 세계를 눈앞에 펼쳐놓는 다큐멘터리는 없었습니다.

그래서 이 모험을 시작하게 되었습니다. 인간의 발길을 쉽게 허락하지 않는 전 세계 곳곳에 숨겨진 미지의 장소도 마다하지 않고 우리는 고래가 있는 곳이라면 어디든 달려갔습니다. 그렇게 탐험한 곳만 전 세계 20개 나라, 30개 지역에 이르렀습니다. 그리고 대한민국 방송 다큐멘터리 역사상 최초로 시도되는 수중 8K 카메라의 혁신적인 촬영 기술로, 오랜 기다림 끝에 야생의 고래들을 생생하게 포착할 수 있었습니다.

대한민국 방송 최초로 촬영에 성공한, 소설 <모비딕>의 주인공 향고래 가족.
남태평양 한가운데에서 펼쳐지는 혹등고래의 아름다운 사랑 이야기.
인간과 더불어 공존하며 서로에게 각별한 사이가 된
귀신고래와의 놀라운 우정.
기후 위기로 인해 먹이사슬의 대혼란이 펼쳐지는
북극곰과 벨루가의 처절한 생존기까지.

우리가 만난 다양한 고래들이 간직한 놀라운 특성과 신비를 통해, 고래는 닿지 않은 원초적 생명을 넘어 우리 인간과 함께 공생해야 하는 존재임을 깨닫게 되었고, 우리 인간이 이들에게 보여주어야 할 참된 존중의 태도를 자연스레 알게 되었습니다.

고래는 지구와 인류에게 도움이 되는 생명체입니다. 고래는 평균 100년 넘게 사는 일생과 수십 톤에서 백 톤이 넘는 거대한 덩치로 엄청난 양의 탄소를 몸속에 품고 있습니다. 그러다 고래가 죽어 심해로 낙하하게 되면 수만 년 동안 바닷속에 탄소가 저장되게 됩니다. 고래가 절멸 위기에 처한 현재가 아닌 200년 전으로 개체 수가 늘어난다면, 한 해 2억 2천만 톤의 탄소가 해저에 저장될 수 있고 이것은 대한민국의 연간 온실가스 배출량 3분의 1에 해당합니다. 즉, 고래는 인류가 처한 기후 위기를 극복하기 위한 '자연 기반 해법'으로 주목받고 있는 것입니다.

하지만 고래를 경제학적 관점으로 바라보고 그 효용성을 분석하기 이전에, 고래를 우리 인간의 가까운 친구로 생각하게 된다면 좋겠습니다.

따라서 이 포토북은 '**고래와 친해지자**'라는 기획의도로 제작되었습니다.
당신이 알지 못했지만 당신의 소중한 친구가 되어주었고, 당신이 잊고 있었지만 때론 당신의 마음을 위로해 주었던 인류의 신비로운 동반자가 있다는 사실을 포토북에 실린 사진을 통해 독자분들께서 자연스레 느끼게 되길 바랍니다.

이 책을 통해 우리 인간과 너무도 닮은 지적 생명체가 지구 어디엔가 존재한다는 사실을 더욱 많은 분들이 알게 되면 좋겠습니다. 인류의 역사와 함께해온 우리의 오랜 친구와 진심으로 교감하고 그들의 마음을 이해하게 된다면, '고래를 보호하고 바다를 보호하자'라는 익숙한 구호를 외치지 않아도 우리의 생활 속에서 작은 변화가 시작될 수 있다고 믿기 때문입니다.

저희는 고래를 쫓아 전 세계를 탐험하며 '**고래와 인간과 바다와 지구가 모두 연결되어 있다**'라는 사실을 명징하게 깨닫게 되었습니다. 시작은 고래의 경이로운 몸짓을 포착하기 위함이었으나, 그 마지막은 고래가 우리에게 전하고자 하는 메시지에 귀 기울이게 된 것입니다. 이 책을 통해 고래가 호소하는 간절한 이야기가 당신에게도 닿을 수 있길 소망합니다.

- 다큐멘터리 <고래와 나> 연출 이큰별

촬영 후기

2006년, 하와이 마우이섬에서 고래를 처음 만났던 그날의 감동이 마치 어제 일처럼 생생하다. 그땐 촬영 허가를 받는 일이 워낙 까다롭고 돈이 많이 들어서 촬영감독이 물에 맘대로 들어갈 수 없었다. 유일하게 수중촬영을 할 수 있는 방법은 보트 뒤 데크에 엎드린 채 수중카메라만 물속에 담가 찍는 방법뿐이었다. 그러다 저 멀리서 혹등고래 두 마리가 카메라 앞으로 점점 가까이 다가왔을 때 숨이 막히면서 온몸에 소름이 돋았고 말로 표현하기 힘들 만큼 벅찬 감정이 온몸으로 가득 전해지자 나도 모르게 눈물이 났다. 논리적으로 눈물이 난 이유를 설명할 순 없지만, 그냥 그 순간부터 고래를 짝사랑하게 되었다. 그리고 내가 느꼈던 생생한 감동을 많은 사람들에게 전달해 주고 싶은 꿈이 생겼다. 이제야 비로소 나는 내 꿈을 펼치게 되었다.

고래를 처음 본 이후 틈만 나면 고래를 찾아 세계 여러 바다를 찾아 나섰다.

노르웨이에서는 범고래와 혹등고래가 같은 공간에서 먹이활동을 하는 장면을 담아냈으며, 멕시코에 있는 혹등고래, 귀신고래, 참고래를 찾기 위해 6번이나 다녀왔고, 혹등고래, 밍크고래를 만나기 위해 호주를 3번이나 다녀왔으며 혹등고래와 일각고래를 찾기 위해 북극을 수 없이도 누볐다.

그리고 통가 바바우(Vabau)라는 곳에는 5번이나 다녀왔는데 혹등고래를 촬영하기 위함이었다.

세계 바다를 돌아다니면서 고래를 촬영하는 열정은 아직도 식지 않아 지금도 아프리카 모리셔스에서 향고래 수중촬영을 하고 있다.

처음 SBS 이큰별 PD의 연락을 받았을 때, 느낌이 왔다. 이번엔 확실히 분명한 메시지를 전달할 수 있겠다는 확신이 있었다. 그리고 <고래와 나>를 열심히 촬영하면서 확실히 깨달았다. 지구 환경에 관심을 촉구할 수 있는 프로그램은 더 많이, 자주 만들어져야 한다는 것을. 지구의 환경오염에 대한 시간을 되돌릴 수는 없겠지만 적어도 늦출 수는 있다. 아주 작은 관심과 행동으로도 고래에게 닥친 위기, 지구의 위기를 극복할 수 있다는 메시지를 계속 전하고자 한다.

나는 앞으로도 고래의 생태를 더 많은 사람들에게 계속 전할 것이다. 있는 그대로의 수중 세계를 카메라에 담아 보여주는 것도, 고래를 촬영하는 것도 누군가는 마땅히 해야 하는 일이라는 생각으로 계속하려 한다. 이런 마음 덕분에 지난 30여 년간 자연 다큐멘터리를 할 수 있었고 이는 앞으로 전 세계 바닷속 고래를 찾아 촬영을 계속할 동력이기도 하다.

<고래와 나>를 촬영하면서 많은 것을 배우고 알게 되었다. 앞으로 대왕고래, 혹등고래, 향고래, 귀신고래, 참고래, 범고래, 일각고래, 흰고래까지 모두 촬영할 것이다. 카메라를 내려놓을 때까지 앞으로 5년이 걸릴지, 10년이 걸릴지 모른다. 어쩌면 죽을 때쯤이 되어서야 끝이 날 수도 있지만 그럴수록 나의 꿈은 더욱 선명해졌고 계속 도전할 것이다.

8년 전 고래 자연 다큐멘터리 제작에 도전해 보자는 나의 제안을 흔쾌히 받아주고 지금까지 함께 해준 나의 단짝 임완호 감독 그리고 내 오랜 꿈을 현실 가능하게 해준 SBS <고래와 나> 제작진에게 고마움을 전한다.

- 김동식
수중 촬영감독. 이학박사

촬영 후기

고래 이야기를 시작하려면 2016년 11월로 되돌아가야 한다. 그때 나는 남극 장보고 기지에서 약 350km 떨어진 Cape Hallett 이라는 아델리펭귄 서식지에 베이스캠프를 설치하고 펭귄 조사를 진행 중인 연구팀에 합류해 있었다. 본격적인 조사에 앞서 우리는 Cape Hallet 인근의 또 다른 아델리펭귄 서식지를 헬기로 조사하기로 했다.

11월이면 남극에도 봄이 찾아와 얼어있던 남극 바다가 녹기 시작하는 시기. 뉴질랜드에서 온 헬기 조종사는 이날 유독 해빙이 녹아 떨어져 나간 해안가를 저공 비행 했다. 눈부시게 하얀 남극 대륙의 풍경에 빠져있던 우리와 다르게 그는 다른 목적이 있었다. 고래를 찾고 있었던 것이다. 우리가 남극에 막 도착했듯이 고래들도 남극해가 녹기 시작할 무렵 도착한다는 사실을 그는 알고 있었던 것이다.

'Whales! Whales!' 그가 헬기 조종석 왼쪽 창문을 보면서 소리쳤다.

'어디? 어디?' 운이 나쁘게 나는 맨 오른쪽 좌석에 앉아 있어서 왼쪽 창문을 볼 수가 없었다.

어떻게든 촬영해보려고 애쓰는 동안 책임연구원 정호성 박사가 '착륙' 사인을 헬기 조종사에게 보냈다. 헬기는 천천히 두께가 3미터가 되는 해빙 위에 착륙했고, 나는 정신없이 드론과 카메라, 삼각대를 메고 해빙 끝 지점으로 갔다. 주변은 너무 조용했다. 잠시 숨을 고르고 촬영 준비를 하는 순간 바로 코앞에서 '푸우~' 하는 소리와 함께 물보라가 솟구쳐 올랐다.

'범고래다!' 누군가 금방 그 존재를 알아챘다. 송곳처럼 뾰족한 검은색 등지느러미가 수면을 뚫고 올라오는 순간 나는 처음으로 범고래와 마주했다. 남극을 10여 차례 다녀오는 동안 고래를 여러 번 목격했지만 바로 코앞에서, 그 숨결을 느낄 수 있을 정도의 거리에서 범고래를 만난 것은 처음이었다.

2016년 11월 26일, 남극 대륙 해안가에 처음 만난 범고래 무리는 고래 다큐멘터리를 만들어야겠다는 결심을 처음 하게 된 계기가 되었다. Cape Hallett 에서 아델리펭귄 조사를 마치고 장보고 기지로 돌아온 날부터 김동식 수중 촬영감독과 메신저로 대화를 나누면서 범고래 촬영에 성공한 것을 자랑했다. 김동식 감독은 오래전부터 고래를 촬영해 온 경험이 많은 터라 서로 이야기가 잘 통했다. 둘은 이렇게 남극과 한국이라는 거리를 두고 메신저로 고래 다큐멘터리를 만들자는 결의를 하게 된다.

예산을 마련하여 본격적으로 고래를 촬영하기 시작한 것은 2019년부터다. 그 해에 두 사람은 혹등고래 어미와 새끼를 촬영하기 위해 남태평양 '통가'를, 혹등고래 멸치 사냥을 촬영하기 위해 미국 몬터레이만을, 브라이드 고래의 멸치 사냥을 촬영하기 위해 태국을, 범고래의 청어사냥을 촬영하기 위해 노르웨이를 다녀왔다. 2020년 2월에는 귀신고래를 촬영하기 위해 멕시코를 갔지만 안타깝게도 그 시기 팬데믹이 발생하면서 고래 촬영을 위한 우리의 여정은 잠시 멈출 수밖에 없었다.

그러다 2023년 초, 팬데믹이 끝나면서 다시 고래 촬영을 시작하려던 참에 SBS 이큰별 PD가 찾아왔다. '감독님, 고래 다큐멘터리 만들고 싶어요.' 해외 촬영이 대부분인 고래 다큐멘터리 제작은 시간과 예산이 많이 필요하다. 고래 다큐멘터리가 짧은 시간 안에 만들어질 수 없다는 것을 잘 알고 있는 터였기에 이큰별 PD는 시간을 얻고 나는 예산을 더 확보해 오로지 고래 촬영에만 전념할 수 있었다. 이큰별 PD는 훌륭하게 '고래와 나'를 마무리하였고, 그렇게 나는 몇 년 동안 이어진 고래 촬영의 여정에 마침표 하나를 찍을 수 있었다.

하지만 아직도 가야 할 여정이 남아있다. 귀신고래가 새끼를 출산하는 장면을 촬영하기 위해 멕시코를 다시 다녀와야 하고, 범고래가 바다사자를 사냥하는 순간을 포착하기 위해 아르헨티나를, 혹등고래의 Bubble-net 사냥 장면 촬영을 위해 알래스카와 베링해를 다녀와야 한다. 고래 촬영을 위한 나의 여정은 아직도 끝나지 않았다.

- 임완호
자연 다큐멘터리 감독

고래와 나 포토북

©SBS 창사특집 제작진·이큰별 PD 2024
초판 1쇄 발행 2024년 05월 01일

지은이 | SBS 창사특집 제작진·이큰별 PD
사진 | 김동식 감독·임완호 감독
펴낸이 | 김종필
펴낸곳 | ㈜아트레이크ARTLAKE

기획·편집 진유림
마케팅 한보라
디자인 박선경
사진 보정 신상윤

등록 제2020-000231호 (2020년 10월 27일)
주소 서울특별시 마포구 어울마당로 5길 36, 삼성빌딩 3층
전화 (+82) 02 517 8116
홈페이지 www.artlake.co.kr
이메일 artlake73@naver.com

판매 정가의 일부를 플랜오션과 환경재단에 기부합니다.
여러분의 책 한 권 구매가 고래와 환경을 생각하는 곳으로 이어집니다.

ISBN 979-11-986338-5-9 (03490)

책값은 뒤표지에 적혀 있습니다.
파본은 본사나 구입하신 서점에서 교환하여 드립니다.